I0463441

Divulgación Científica

Noveno Volumen del Décimo Libro de la Serie

365 Selecciones.com

Pedro Daniel Corrado

Este noveno tomo pertenece al Décimo Libro de la Colección 365Selecciones.com, en donde tratamos temas relacionados con la Divulgación Científica. Los primeros nueve libros de la misma son los 365 Cuentos Infantiles y Juveniles, Poesías Clásicas y Libros Célebres, disponibles en el mismo sitio de internet.

En este tomo nos concentramos en todas las preguntas relacionadas con el planeta en el que vivimos, la Tierra.

Estaremos discutiendo aspectos básicos de las nubes, las lluvias, el viento, los rayos, la niebla, la nieve y la meteorología.

Todos estos temas resultan un desafío didáctico explicarlo de una manera sencilla para todos los públicos. No obstante, estoy convencido que la antigua colección de Walter Montgomery Jackson lo logró, aunque mucho del material se encuentra completamente actualizado con los nuevos conocimientos.

Necesitamos animarnos a preguntar, ya que ésta fué la única manera de lograr adquirir conocimientos sólidos, y llegar a tener un pensamiento autónomo y capacidad de sana crítica.

La lectura como permanente ejercicio ayuda a disciplinar nuestro intelecto y nuestro espíritu, dotándolos de gran precisión para expresar nuestras propias ideas, y fortalecer de esta manera nuestra independencia de criterio.

Si Usted es una persona adulta, ya formada, se sorprenderá de descubrir que hay mucho material que le será útil volver a leerlo, ya que hay mucha información científica actualizada. Si eres una persona joven te ayudará a entrelazar muchos conocimientos que adquirió en la escuela secundaria.

Si eres un niño o niña, o adolescente, quiero que sepas que he escrito esta colección de divulgación científica especialmente para ti. Los libros nos acompañan toda la vida, y tener una biblioteca propia es de fundamental importancia para abordar los estudios secundarios, terciarios y universitarios.

No te desanimes si hay muchas discusiones que no puedes comprenderlas de inmediato; verás que la manera de abordar cualquier conocimiento es la lectura frecuente, una y otra vez de lo que no hemos entendido, y verás que todo se va aclarando paulatinamente. La paciencia y persistencia es la llave del éxito.

Los otros libros de la Colección incluyen Cuentos Sagrados; Cuentos de la Naturaleza; Cuentos de Reyes y Reinas, Princesas y Príncipes; Cuentos Variados; Cuentos de Hadas, Duendes y Gnomos, Cuentos Heroicos, Poemas Clásicos y Libros Célebres. También estaremos publicando libros de Arte.

Agradezco vuestra confianza, y espero que esta colección sea un verdadero Tesoro de toda la familia para toda la vida.

ISBN-13: 978-1543057850 / ISBN-10: 1543057853

Es el acceso directo al conocimiento

EDITORIAL HIGHWAY ES PROPIEDAD DE PATH SOCIEDAD ANÓNIMA ARGENTINA

Editorial HIGHWAY es un emprendimiento de PATH Sociedad Anónima, Argentina. Nos ocupamos de editar y difundir contenido Cultural, Educativo, Científico y Tecnológico de gran calidad pedagógica que forma la base del aprendizaje de toda persona que quiera cultivarse, al mismo tiempo que se entretiene.

Estamos interesados en editar todo tipo de material que profese una alta calidad espiritual e intelectual, que ayude a la niñez y a la juventud, así como a las personas adultas y mayores, en la permanente formación de valores cristianos, y que impulse el espíritu de independencia de criterio y solidez interpretativa, fomentando al mismo tiempo la educación continua.

Estaremos gustosos de recibir sus correos, así que no dude en escribirnos.

Vea todas las Novedades en nuestro sitio www.365selecciones.com

Correo Electrónico: info@365selecciones.com

PATH SOCIEDAD ANONIMA DE ARGENTINA

Clave Fiscal: 30-64999935-6

HIGHWAY es marca registrada de PATH Sociedad Anónima Nº 1.789.936 para la Clase 38

CONTENIDO

DEDICACION

Deseo dedicar toda esta obra a mi madre Alcira Sorani, quien siempre fue mi sostén en todo momento, y a todos los docentes que me formaron desde mi niñez. Deseo dedicarla también a los Sagrados Corazones de Jesús y la Virgen María, a San Alberto Magno, Santo Tomás de Aquino, San Ignacio de Loyola, y a todos los mártires cristianos.

RECONOCIMIENTOS

Deseo las mayores bendiciones espirituales y materiales para todos mis maestros, profesores, amigos y bienhechores. Un especial recuerdo para el Dr. Luis Enrique Smidt, quien me ayudó y guió en mis comienzos como profesional independiente, así como a la Dra. Viviana Andrea Lerchundi y la Dra. Estela Marta Coria. A mi querida hermana Graciela Alcira y Carlos Martín Erwin Neumann, ambos amigos y socios. Un especial reconocimiento para Walter Montgomery Jackson a quien solo conocí a través de múltiples lecturas que formaron la base de muchos de mis conocimientos.

LAS NUBES

Haremos aquí una discusión preliminar de las nubes. Más abajo, en la sección de Meteorología, vas a poder aprender algo más de las nubes relacionado con la predicción del tiempo atmosférico

¿CUÁL ES LA CONSTITUCIÓN DE LAS NUBES?

Una de las razones que nos inducen a creer que no existe agua en la luna, o que, si existe, debe ser en cantidad muy escasa, es que jamás descubrirnos en ella, al observarla, vestigio alguno de nubes. Si alguien observase la Tierra desde nuestro satélite, vería su superficie velada a cada instante por las nubes.

Una de las cosas que con más insistencia se estudia en la actualidad en ese maravilloso planeta, conocido con el nombre de Marte, es si existen en él nubes, porque su presencia nos revelaría, desde luego, la existencia del agua en él. En realidad, la pregunta puede decirse que está ya contestada, ¿ no es cierto ?. Las nubes están formadas de agua.

Pero el agua existe en el aire en todas partes. Hay cierta cantidad de ella en el aire del lugar donde nos hallamos, o en el que nos rodea si estamos fuera de casa.

Esta agua, sin embargo, no forma nube alguna, por la sencilla razón de que la mayor parte del agua que existe en la atmósfera se halla en estado gaseoso. **El agua de las nubes es líquida; la nube está formada, en realidad, por muchas gotas de agua, a las cuales, cuando caen llamamos gotas de lluvia.**

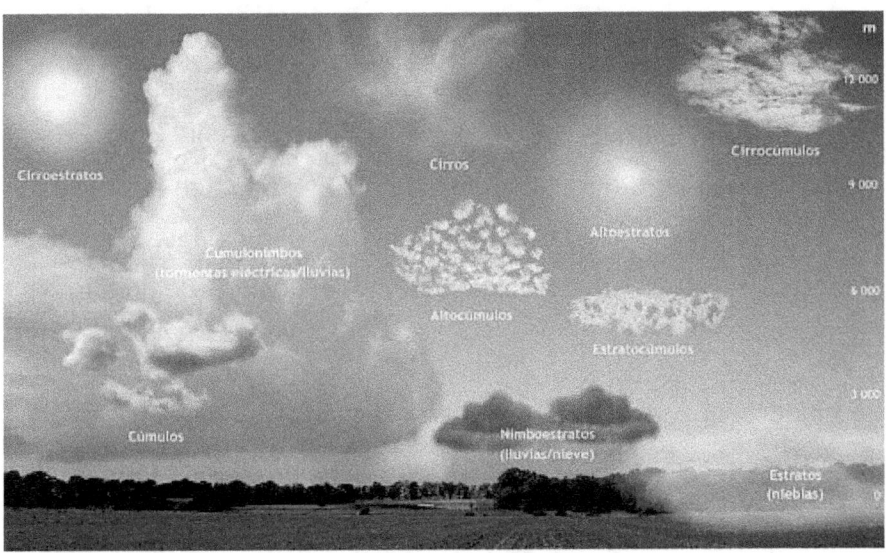

Las personas que se dedican al estudio de estos fenómenos empiezan a vislumbrar la razón de por qué estas gotas permanecen unas veces en la nube, y caen otras en forma de lluvia. Esta agua procede de los mares y los lagos, y ha sido evaporada por el calor del sol.

¿SE ESTÁN FORMANDO SIEMPRE NUBES NUEVAS?

Las nubes se forman y se deshacen continuamente; no hay ninguna que dure mucho tiempo, y su superficie sufre cambios incesantes. La formación de las nubes depende de las condiciones atmosféricas, como por ejemplo, la temperatura del aire, la cantidad de humedad y de polvo que contiene, la naturaleza de los vientos, y el estado eléctrico de la atmósfera en un momento determinado.

Estas cosas varían a cada instante, sin que en conjunto, puedan seguir siendo las mismas ni por un momento. La Tierra nunca deja de dar vueltas, lo cual implica que las distintas partes de la atmósfera estén expuestas sucesivamente al calor de los rayos del Sol; aunque el Sol dé en ciertas regiones, por espacio de varias horas seguidas, la rotación de la Tierra es causa de que varíe el ángulo formado por dichos rayos, y por tanto, la intensidad del calor. El aire es calentado por el Sol, aumentando de este modo la cantidad de agua que puede contener, en forma de vapor transparente, más bien que en forma de nubes.

De manera, que las nubes se hacen y disuelven sin cesar en el seno de la atmósfera, según podrá observar fácilmente quien quiera que se fije en el aspecto del cielo por espacio de algunos instantes.

¿CÓMO ES QUE LAS NUBES DETIENEN LA LUZ DEL SOL, SI SON AGUA PURA?

El agua en todos sus estados, detiene y toma cierta cantidad de la luz solar. Bien sabemos que el agua en el estado líquido lo hace, porque se vuelve pronto más oscura a medida que nos sumergimos más y más en ella.

El agua en el estado sólido, o hielo, lo hace también. El agua en el estado gaseoso lo hace menos; y el agua en el estado gaseoso que está siempre presente como formando parte del aire, no detiene bastante luz solar para que nosotros lo advirtamos. Pero el agua en forma de gotas redondas suspendidas en el aire, que es de lo que realmente están hechas las nubes, puede detener gran cantidad de luz solar.

Pronto podremos comprender esto, si recordamos a qué se parece una burbuja de jabón. Imaginémonos una, hecha casi toda de agua; tiene una superficie hermosa y brillante. Esto significa que la luz que cae en ella es rechazada de su superficie en gran cantidad.

Así pues, si hay una nube hecha de millones de diminutas burbujas o gotas, que también son cosas que brillan, rechazará gran cantidad de la luz que cae en ella.

Esto podemos comprenderlo, cuando vemos el lado iluminado de una nube. No hay nada que pueda ser más brillante y perfectamente blanco que las nubes, que al mirarlas nos parecen montañas de nieve. Son blancas y brillantes, precisamente porque no dejan que la luz del Sol pase a través de ellas, sino que la reflejan o la rechazan.

¿QUÉ SE OBSERVA POR ENCIMA DE LAS NUBES?

Cuando nos remontamos en un globo por encima de las nubes, o cuando nos elevamos tanto en una montaña que dejamos aquéllas a nuestros pies, hallamos precisamente lo que esperábamos encontrar.

El aire es claro y brillante, y solo las estrellas, si es de noche, se ven muy distintamente. Ambos lados de una nube se asemejan en extremo, y cuando la contemplamos desde arriba presentan el mismo aspecto que las nubes brillantes cuando las vemos desde la tierra.

Claro es que, desde arriba, todas las nubes son brillantes, porque las vemos por el lado que el Sol las ilumina. Si nos elevásemos en un globo sobre la niebla, presenciaríamos un espectáculo análogo.

Algunos astrónomos han realizado este experimento, viendo que a la altura de varios centenares de metros, el globo surgía de la niebla, y navegaba en una atmósfera clara y llena de Sol. La niebla, vista desde arriba, presenta un aspecto brillante, porque gran parte de la luz que debía caer sobre la Tierra, es reflejada por ella hacia los ojos del observador aéreo.

Cuando no hay niebla, y sí sólo algunas nubes esparcidas aquí y allá, y nos elevamos sobre ellas en un globo, se ve de cuando en cuando la tierra por entre sus intersticios, y dicen los que han contemplado este espectáculo, que es de un efecto magnífico.

Claro es que no ven girar la tierra a sus pies, porque la atmósfera gira juntamente con ella, arrastrando naturalmente el globo que flota en su seno.

¿DÓNDE SE HALLAN LAS NUBES, CUANDO EL CIELO ESTÁ SERENO?

Las nubes, según sabemos, se componen de agua; y el agua puede existir en el aire en varias formas distintas. Cuando forma una nube, consiste en gotas de líquido como las que produce nuestro aliento en los días de mucho frío.

El agua de que están compuestas las nubes existe en la atmósfera, aun cuando el cielo esté despejado, solamente que, a causa en parte del calor del Sol, y también, sin duda, del estado eléctrico de las capas superiores de la atmósfera, el aire está en condiciones de conservar en forma gaseosa toda el agua que contiene.

Esta agua gaseosa, o vapor de agua, es tan transparente como el mismo aire, y aun será mejor que lo consideremos como uno de los varios gases de que se compone la atmósfera, al igual que el oxígeno o nitrógeno.

Acaso nos sea difícil hacernos cargo de que, cuando contemplamos el cielo en un día sereno, estamos, en realidad, mirando a través de agua, lo mismo que si nos hallásemos en el fondo de un estanque, y abriésemos los ojos para mirar hacia arriba.

Si no fuera por el agua que forma parte de la atmósfera, quedaríamos completamente achicharrados por el calor del Sol, mientras ahora la mayor parte de ese calor es absorbido por el vapor de agua, que es muy opaco para los rayos caloríficos, si bien es transparente para los de la luz.

¿POR QUÉ TIENEN LAS NUBES LOS BORDES PLATEADOS?

La razón es muy sencilla: como las nubes son mucho menos espesas en sus bordes, éstos son atravesados por mayor cantidad de luz, que les presta su brillo plateado. Algunas nubes, sin embargo, son sumamente tenues, del grueso de una hoja de papel de seda, y en ellas apenas se nota el brillo de que hablamos.

Por supuesto que si nos elevásemos en globo por encima de una de esas nubes ordinarias que vemos desde la Tierra, con los bordes plateados, veríamos toda la nube brillante, porque el Sol proyectaría sus rayos sobre toda ella por igual, y ella los rechazaría o reflejarla hacia nuestros ojos.

Esto ocurre con las nubes más tenebrosas y oscuras durante las horas del día; el Sol brilla de continuo, y por negras que sean estas nubes, veremos siempre sus bordes plateados.

Nos desconcierta ver su lado oscuro, pero tengamos presente que el opuesto se halla iluminado por el Sol. Sucede con esto una cosa semejante a lo que ocurre con las contrariedades de la vida: dice la gente que cada nube tiene su nimbo plateado, pero en realidad, no es sólo el borde, sino un lado entero el que está tan brillante, como oscuro está el opuesto.

A algunas personas les ocurre lo mismo que a los que se elevan en globo: que ven siempre las nubes por su parte plateada. ¡Cuán dulce es la compañía de esta clase de personas!.

SI LAS NUBES SON BLANDAS, ¿POR QUÉ PRODUCEN RUIDO CUANDO TRUENA?

El ruido mencionado procede del trueno y no del choque de unas nubes con otras. Las nubes son, en efecto, demasiado blandas para producir ruido alguno cuando chocan; no llegan siquiera a chocar: se compenetran.

El trueno es causado por la alteración que experimenta el aire, cuando la electricidad lo traspasa al ir de una nube a otra, o de una nube a la Tierra. Al cruzarlo eleva de un modo extraordinario su temperatura, y engendra una ola u onda de choque de aire, que al llegar a nuestros oídos, nos hace percibir lo que llamamos trueno.

¿POR QUÉ TRUENA, Y EN QUÉ LADO DE LA NUBE ESTA EL TRUENO?

El trueno es un ruido, una onda irregular de aire, y su causa es el calentamiento repentino del aire a mucha altura de nosotros, por el rápido paso de la electricidad a través de él, de nube a nube, o de una nube a la Tierra.

El aire ofrece gran resistencia al paso de la electricidad, y cuando un cuerpo cualquiera resiste el paso de la electricidad, este cuerpo se calienta.

Al calentarse se dilata súbitamente, y entonces empieza a funcionar la onda de aire, que se llama trueno. Un sonido y lo mismo sucede con una luz hecha en cualquier sitio, se extiende, si puede, perfectamente igual en todas direcciones.

Así, el ruido del trueno se extiende por la región de las nubes, por debajo de ellas, por los lados a través del aire, y a través de las mismas nubes.

La parte que oímos es, naturalmente, la que llega a nuestros oídos, parte de la onda que se extiende por debajo desde el sitio por donde ha pasado la electricidad y ha provocado el trueno.

¿FORMAN PARTE LAS NUBES DE LA TIERRA, Y LA ACOMPAÑAN EN SU MOVIMIENTO DE ROTACIÓN?

Es evidente que las nubes forman parte de la Tierra. Empleamos la palabra Tierra en dos sentidos distintos: unas veces significamos con ella el planeta que habitamos, y otras el suelo o terreno; y esto suele engendrar confusión, hasta el extremo de que llegamos a olvidar en algunas ocasiones, que no vivimos realmente fuera de la Tierra, sino en la capa más baja de su envoltura exterior conocida con el nombre de aire o atmósfera.

Esta envoltura exterior, y todo cuanto ella contiene, como las nubes, por ejemplo, son parte tan integrante de la Tierra como las montañas y los océanos.

Cierto que, desde nuestro particular punto de vista, consideramos el aire como una cosa exterior, que nos sirve de quitasol durante el día, y de envoltura durante la noche, y así es en realidad; pero esto sólo depende del lugar que con respecto a esa envoltura ocupamos, y no debemos dejarnos engañar por estas consideraciones engañosas.

Puesto que las nubes forman parte de la Tierra, claro es que giran con ella, así como la atmósfera en cuyo seno flotan. No cabe duda, sin embargo, de que lo mismo la atmósfera que las nubes más elevadas propenden a retrasarse en este movimiento; mas no por eso dejan de girar con la Tierra.

Si así no fuese, sentiríamos un huracán tan desaforado, que la vida sería completamente imposible, y no quedaría una piedra sobre otra en la superficie de la tierra.

MARAVILLOSAS BELLEZAS DE LAS NUBES

Todos hemos advertido las diferentes formas que toman las nubes. Unas veces están muy elevadas, y ofrecen el aspecto de plumas delicadas y sutiles, como se ve en el grabado del centro, y reciben el nombre de cirrus, que quiere decir cabello. En otras ocasiones, las nubes semejan grandes masas de lana o algodón, como el grabado inferior, y se llaman entonces cúmulos. Las nubes negras y preñadas de lluvia son conocidas con el nombre de nimbus, mientras aquellas que se extienden a lo largo del cielo, en capas horizontales y estrechas, reciben la denominación de stratus. Muchas veces las nubes participan de dos formas de éstas, y se llaman entonces civvo-cúmulus, cúmulo-nimbus, etc. Las nubes del grabado superior son cúmulo-stratus

LAS LLUVIAS

¿CUÁL ES EL ORIGEN DE LAS TROMBAS MARINAS?

De la misma manera que las olas del mar se deben a los movimientos del aire, así también, esa maravillosa perturbación de la superficie de los mares que designamos con el nombre de trombas, es engendrada igualmente por una perturbación importante del aire.

A veces una masa de aire emprende un movimiento giratorio, cambiando al mismo tiempo de lugar por la superficie de la Tierra, de igual manera que ésta se traslada alrededor del sol, sin cesar de girar sobre su eje. Cuando esto ocurre, el mar puede ser perturbado de una manera violenta.

Sucede a veces que, en medio de la región en que gira, queda muy poco aire; viene a ser algo así como si se trasladase una columna hueca. Entonces puede ocurrir que el agua que yace debajo sea absorbida de repente, y pase a llenar el espacio casi vacío que existe dentro de la expresada columna, formándose de esta manera la tromba marina.

¿POR QUÉ SE DESPARRAMAN LAS GOTAS DE LLUVIA CUANDO CHOCAN CONTRA EL SUELO?

Para poder responder a esta pregunta debemos saber primero por qué forma gotas el agua. Esto ocurre porque existe una fuerza, llamada **cohesión**, que obra entre las moléculas del agua, manteniéndolas adheridas en forma de esferillas o gotas.

Ahora bien, cuando la gota cae al suelo se rompe, lo cual nos demuestra que otra fuerza ha vencido a la cohesión, que mantenía adheridas las moléculas, disgregándolas.

Esta fuerza no es otra que el movimiento de que viene animada la gota al caer. Cuando cesa el movimiento, esta energía no puede destruirse ni perderse, y tiene que transformarse en algo.

Si el agua poseyese suficiente cohesión y fuese elástica, el movimiento se transformaría en otro movimiento de dirección distinta y la gota saltaría. Pero en vez de ser así, la energía que supone el movimiento,. se transforma en una fuerza que rompe su cohesión, y esparce sus diversas moléculas.

¿POR QUÉ SON REDONDAS LAS GOTAS DE LLUVIA?

Expliquemos ante todo, por qué forma gotas la lluvia. Sabemos ya que existe siempre en el interior de cada gota de lluvia algo que podemos llamar un ápice de materia sólida, y que se formó dicha gota por el vapor de agua del aire que se fué depositando en forma líquida, en torno de dicha substancia, lo mismo que el vapor que se desprende del agua en ebullición, se torna líquido sobre la superficie de un plato colocado sobre el pote donde aquélla hierve.

Ahora, si se desea saber no sólo por qué se forman las gotas, sino también por qué éstas son sensiblemente redondas. daremos la misma contestación que dimos cuando se nos pregunte por qué se deposita el agua sobre un plato. en forma de gotas redondas, y por qué desciende a gotas a lo largo de los vidrios de una ventana, cuando llueve.

Cuando el agua se licua, se compone realmente de una multitud de partes pequeñísimas, cada una de las cuales es a su vez una partícula de agua, lo mismo que una muchedumbre humana se halla formada por una multitud de individuos.

Ahora bien, estas partículas pequeñísimas de agua se comportan del mismo modo que procedería una muchedumbre humana, si todos los hombres y mujeres que la integran hubiesen de darse la mano para quedar enlazados.

Si todos se agarran los unos a los otros con la mayor fuerza posible, y en especial, si todos los que permanecen fuera de grupo se dan a su vez las manos para formar un anillo alrededor de él, la expresada multitud se hallará entonces en un caso parecido a las partículas de agua que constituyen una gota.

Todas procuran unirse lo más estrechamente posible a las demás, y permanecer íntimamente ligadas: por esto se forma la gota, y de ahí su figura redonda.

¿POR QUÉ CAE LA LLUVIA EN FORMA DE GOTAS Y NO COMO UNA MASA DE AGUA?

Ésta es una pregunta interesante, que llevó algún tiempo poder contestarla satisfactoriamente.

Pudiera suponerse que cuando la temperatura del aire desciende lo bastante, el vapor de agua que contiene, o alguna porción de él, debiera licuarse formando una masa, y caer en esta misma forma. Pero esto no puede suceder así, porque deben concurrir siempre ciertas condiciones especiales, para que el vapor se licue.

Es preciso que exista cierto punto o partícula sólida aislada, alrededor de la cual pueda condensarse el vapor cuando se convierte

en líquido.

Poco importa cuál sea la naturaleza de esta partícula; lo esencial es que exista, y la consecuencia de su existencia es que la lluvia cae en forma de gotas.

El descubrimiento de la causa que determina la formación de las gotas de lluvia es el que nos permite contestar esta pregunta.

Las partículas que desempeñan este servicio pueden ser pequeñas o grandes. A menudo son visibles, como trocitos de polvo o suciedad, o algo semejante.

Se ha descubierto también que las moléculas que constituyen los gases que existen en el aire son susceptibles de desdoblarse bajo la acción de la electricidad, y el vapor puede condensarse entonces sobre sus componentes.

¿POR QUÉ LAS GOTAS DE LLUVIA SON A VECES GRANDES Y A VECES PEQUEÑAS?

Antes que el vapor de agua existente en la atmósfera se condense, formando las pequeñas gotas líquidas, que al caer sobre la superficie de la tierra reciben el nombre de lluvia, **debe existir algún núcleo sólido sobre el cual pueda condensarse**; y es posible que una de las razones de la diferencia de tamaño que se observa entre las gotas de lluvia, estribe en la que existe entre las partículas de materia sólida—suciedad o polvo—alrededor de las cuales se condensa. Es decir, si las partículas sólidas alrededor de las cuales se condensa el vapor de agua, las gotas también lo serán en consecuencia; lo mismo si son pequeñas.

Pero se ha descubierto no ha mucho que la electricidad puede actuar a veces sobre los gases del aire, y dividir sus moléculas, pudiendo condensarse el vapor sobre los pequeños fragmentos que de esta manera resultan.

La altura a que la lluvia se forme puede también influir sobre el tamaño de sus gotas; y cuando un cambio muy brusco de temperatura ha sido causa de que se formen con gran celeridad, suelen ser muy abultadas.

¿POR QUÉ SE OSCURECE EL CIELO CUANDO SE APROXIMA UNA TORMENTA?

La luz del día procede casi toda del Sol. No cabe duda alguna de que las estrellas brillan constantemente en el cielo; pero se hallan tan lejos, que la luz de todas ellas juntas es insignificante comparada con la del Sol, y lo mismo ocurre con la de la Luna cuando nos presenta de día su faz iluminada.

Por eso podemos decir que la luz del día proviene de la luz directa del Sol y de la luz del firmamento, que es la misma luz solar reflejada por la atmósfera.

Cuando una tempestad se avecina, se amontonan las nubes, haciéndose tan densas y espesas, que interceptan la luz del firmamento, y por eso decimos que el cielo está oscuro.

Si nos remontásemos en un globo por encima de las nubes volveríamos a recibir directamente los rayos del Sol. aunque los habitantes de la Tierra lo viesen tan oscuro como si anocheciera.

¿POR QUÉ ESTÁ SIEMPRE EL AIRE TAN CALIENTE ANTES DE LAS

TORMENTAS?

En hecho de verdad, no es cierto que el aire esté siempre caliente antes de las tormentas; lo que ocurre es que en ese caso, sentimos casi siempre una especie de calor fisiológico, que no acusan los termómetros, y todo depende de la diferencia entre ambas cosas.

Juzgamos del calor de las cosas que nos rodean por el de nuestra piel, donde residen las extremidades sensitivas de los nervios que nos dan la sensación de frío o de calor, y el motivo de que nos parezca que hace calor antes de las tormentas, es que nuestra piel se hace más apta para recibir el calor en esas ocasiones.

Antes de las tormentas, el aire se halla casi saturado de humedad, lo cual quiere decir, como se comprenderá fácilmente, que se resiste a recibir en su seno mayor cantidad de la misma; y nuestra piel, que está constantemente produciendo agua,—porque sudamos sin cesar, ahora lo advirtamos o no,—está incapacitada para desembarazarse de ella con la rapidez acostumbrada, y solemos exclamar: » ¡Qué pesada está la atmósfera! »

Ahora bien, uno de los grandes medios que tienen la piel y el cuerpo de mantenerse frescos, a pesar de la gran cantidad de calor que de continuo producimos, es la evaporación en el aire del agua procedente de la piel. Si se hace más lento este proceso, la piel adquiere un calor molesto.

Después de la tormenta, cuando la lluvia ha desembarazado la atmósfera de la mayor parte de la humedad que contenía, el aire, vuelve a absorber lo que nos estorba en la piel, y exclamamos: « ¡Qué fresco tan delicioso! »

¿POR QUÉ LLUEVE MAS EN INVIERNO QUE EN VERANO?

La pregunta, por consiguiente, debe formularse ahora en estos términos: ¿por qué llueve más cuando hay menos Sol que provoque la lluvia?. Pero si reflexionamos un poco, veremos que esta reducción del calor del Sol en el invierno produce dos efectos. Si existe menos Sol que evapore el agua que ha de constituir la lluvia, existe también menos Sol para contener la humedad en el aire.

Así puede suceder que el ardiente Sol del verano cargue mucho de humedad el aire, y que durante el invierno, en que el aire está más frío, y puede, por consiguiente, contener una cantidad mucho menor de humedad, sobrevengan de nuevo las lluvias.

Es decir que al estar en invierno el aire, y por lo tanto el vapor de agua contenido en él, más próximo al punto de condensación, es más probable que las precipitaciones aumenten en consecuencia.

Es probable que haya en esto gran parte de verdad, sin que afirmemos que sea la verdad entera. Hay días de lluvia en verano, y en invierno sobrevienen con frecuencia días claros y secos.

Estos hechos bastan para demostrar que el calor del Sol en las diversas estaciones del año, es sólo uno de los factores del tiempo.

En realidad, el problema del tiempo es, en el fondo, un problema de electricidad atmosférica.

¿POR QUÉ SUELE LLOVER EN LAS ISLAS CON GRAN FRECUENCIA?

La extraordinaria cantidad de lluvia que de ordinario cae en la mayor parte de la islas, proviene principalmente de estar por completo rodeadas de mar, del cual puede absorber el Sol todos los días buena cantidad de humedad para distribuirla por toda la tierra, unas veces inmediatamente, otras algo más tarde.

El agua que rodea a las islas no sólo suministra, gracias al poder del Sol, la lluvia necesaria, sino que su capacidad calorífica hace que el clima sea uniforme y suave, sin cambios bruscos de temperatura.

En verano, el mar absorbe gran cantidad de calor de la tierra y el aire, y evita de esta suerte que la temperatura se eleve a tal punto, que la gente se vea forzada a suspender el trabajo durante algunas horas del día, y a permanecer en el interior de las casas sufriendo las molestias del calor; y en invierno, presta a la tierra y al aire el calor que almacenó durante el verano, evitando de este modo que la temperatura descienda demasiado.

Los diversos climas del mundo se dividen en dos clases principales: continentales e insulares. Estos últimos suelen estar especialmente favorecidos, por las razones que acabamos de exponer. Los climas continentales se diferencian de los otros, en que carecen de ese cinturón de agua que endulza los rigores del frío y del calor.

¿POR QUÉ SE PURIFICA LA ATMÓSFERA DESPUÉS DE LA LLUVIA?

De varios modos puede ser contestada esta pregunta. En primer lugar, la lluvia lava el aire, porque el agua lo lava todo; y si aquél contenía cantidad considerable de partículas de humo, como ocurre en las grandes ciudades, la lluvia reduce su número arrastrándolas consigo en su caída. De modo que la lluvia ayuda a desembarazar el aire de los sulfuros y demás gases que despiden estas partículas.

En segundo lugar, parece ahora que la caída de la lluvia depende en parte, con frecuencia, o tal vez siempre, de las descargas eléctricas que tienen lugar en el aire, las cuales ayudan a formar pequeñas cantidades de ozono, gas que no es otra cosa que una variedad del oxígeno, y que posee de suyo un olor agradable. Además, la lluvia limpia los caminos, y arrastra todas las substancias que producen mal olor.

No es fácil comprender bien hasta qué punto la lluvia limpia las ciudades, y debemos recordar que nuestra nariz sólo está sobre el piso de las calles a la altura de metro y medio, escasamente, de suerte que recibe de lleno cuantas emanaciones se elevan de él. A ciento o doscientos metros de elevación, el aire debe oler de un modo muy distinto.

¿PODRÍAMOS VIVIR SIN LA LLUVIA?

A primera vista parece que lo mejor es que lloviese siempre de noche, porque es precisamente cuando más beneficio hace, y cuando a menos personas molesta; pero ya caiga en días festivos, ya de noche, mientras dormimos tranquilamente en nuestro lecho, la lluvia siempre es necesaria.

Sus buenos efectos consisten en que penetra en la tierra, y es absorbida por las raíces de las plantas, que la han menester para vivir.

Si no hubiera lluvia, sólo en el mar sería posible la vida. En las regiones donde la lluvia no existe, no existe tampoco la vida; y en aquellas otras regiones donde la lluvia escasea, o sólo cae en ciertas estaciones del año, se la aguarda y desea, y hasta se elevan plegarias al Cielo para que la envíe a tiempo.

Debemos ver, por consiguiente, en la lluvia un agente que limpia y purifica el aire, nutre la vida vegetal, de la que depende la nuestra, y nos suministra el agua que necesitamos durante todo el año en las regiones donde llueve lo suficiente.

¿CUÁNDO Y EN QUÉ CANTIDAD HA DE LLOVER EN UN CLIMA PARA QUE ÉSTE SEA AGRADABLE?

En primer lugar, hace falta una espléndida provisión de agua vivificante y purificadora, de suerte que nunca se dejen sentir las sequías pertinaces. Además, no ha de caer la lluvia en una sola estación del año, como sucede en algunas partes del mundo, impidiendo la ejecución de todo género de trabajos al aire libre, y haciendo necesario almacenar el agua con grandes precauciones en presas y depósitos, para que no falte hasta la próxima estación; sino, por el contrario, ha de llover en cantidad suficiente durante las diversas estaciones.

¿POR QUÉ BRILLA EL SOL DURANTE LOS AGUACEROS?

¿Y por qué no ha de brillar? se nos ocurre replicar. El Sol brilla constantemente, lo veamos o no, tanto de día como de noche. Si no logra descubrirlo nuestra vista es porque algo nos lo oculta, como por ejemplo, las nubes, que son las que nos traen la lluvia. Si esas nubes cubren todo el cielo, no podremos ver el Sol; pero en caso contrario, lo veremos brillar a través de ellas.

EL VIENTO

¿DÓNDE ESTÁ EL VIENTO CUANDO NO SOPLA?

Esta pregunta nos obliga a remontarnos al mismo origen del viento. **El viento es un movimiento del aire**; una corriente como la del mar, o como la que podemos producir en la taza de café, al agitarlo circularmente con la cucharilla, o en una palangana de agua, moviendo el dedo en ella.

Pues bien, así como sin una causa que produzca una corriente en la taza de café, éste permanecerá quieto, de igual manera, si no hay un motivo suficiente para que se produzca una corriente en la atmósfera, es decir, para que haya viento, el aire permanecerá tranquilo, y no habrá viento de ninguna clase.

De modo que la única respuesta a la pregunta anterior, es que el viento no está en ninguna parte, cuando no sopla; y adviértase que lo que aquí llamamos viento, no es una cosa como una naranja o un libro, sino **un estado particular del aire, un estado de movimiento**; así, cuando el viento no sopla, no es porque se haya ocultado o haya huido a lejanas regiones, sino sencillamente porque el aire está sosegado, lo cual equivale a la ausencia del viento.

¿DÓNDE EMPIEZA EL VIENTO?

Si el viento es una porción de aire que se mueve a través del aire que lo rodea, será necesario hallar algo que lo mueva, pues sabemos ya que tanto en el caso del aire, como en otro cualquiera, **las cosas que se hallan en reposo, continúan en este estado hasta que algo las pone   en   movimiento.**

Por lo que al viento se refiere, puede decirse. como regla general, que es aire que se mueve de un lugar en donde la atmósfera es más densa a otro en que está más enrarecida.

Saben perfectamente los meteorólogos modernos que la presión del aire en un punto determinado de la atmósfera, comparado con los demás, cambia constantemente, y que estos cambios producen el **viento;** porque siempre que hay diferencia de presión atmosférica entre dos puntos, **se origina una corriente de aire desde el lugar de la presión mayor al de la presión menor;** algo así como la tendencia del agua a mantenerse siempre en un nivel, en vez de amontonarse en mayores masas en unos sitios que en otros.

Por consiguiente, si poseemos un instrumento, **el barómetro,** que nos diga cuándo cambia la presión del aire que nos rodea, y el grado de su elevación o depresión, podremos conjeturar con bastante certeza cuál será el tiempo atmosférico más probable, ya que nos será fácil precisar qué viento soplará, en qué dirección, y con qué intensidad.

La velocidad del viento en una brisa ligera, es de 6 u 8 kilómetros por hora, esto es, mayor que la de un buen andarín; la del viento fresco, más fuerte que la brisa, pero sin llegar a ser huracanado, el cual es mayor que la de un tren expreso.

¿POR QUÉ SOPLAN LOS VIENTOS?

Generalmente se fijan en la espiga de la veleta cuatro brazos, en cada extremidad, en los cuales se coloca una de las letras N., S., E. y O. en la dirección de los cuatro puntos cardinales Norte, Sur, Este, y Oeste, respectivamente.

Cuando la flecha de la veleta, o el pico del gallo, miran hacia el Norte, es porque de esta dirección sopla el viento.

Nada más fácil que leer las indicaciones de la veleta, aparato que sugiere otras muchas preguntas.

¿Por qué, pongamos por ejemplo, sopla el viento?. ¿Por qué no permanece siempre en reposo como en los bellos días estivales?. ¿Por qué sopla unas veces con suavidad, otras con fuerza, y otras, por fin, se convierte en espantoso huracán?. ¿Por qué sopla en unas ocasiones del Norte, en otras del Sur, y en otras, por último, del Este o del Oeste? Y, para terminar; ¿por qué con unos vientos hace buen tiempo, y malo con otros?.

La ciencia que trata de los fenómenos atmosféricos se llama **meteorología**, vocablo derivado de otros dos griegos que significan: meteoros, elevado en el aire, y logos, tratado.

La palabra meteoro se aplica a diversos fenómenos es a saber. aéreos, como los vientos; acuosos, como las lluvias, la nieve, el granizo; luminosos como el arco iris, el parhelio, la paraselene; eléctricos, como la aurora boreal, el rayo, el fuego de San Telmo; y de otros como el aerolito.

Y, porque cualquier fenómeno que se desarrolla en la atmósfera recibe el nombre de **meteoro**; por eso la ciencia del tiempo recibe la denominación de meteorología.

Volvamos ahora a la primitiva pregunta: ¿Por qué sopla el viento?.

Pues por la misma razón que sale el humo por una chimenea. **La verdadera causa del viento es que el aire se dilata y eleva a las** regiones superiores de la atmósfera, cuando su temperatura aumenta.

Si tomamos una botella vacía, la tapamos con tapón de corcho, y la colocamos próxima al fuego, o salta el tapón con estrépito o revienta la botella, El aire que ésta contiene necesita ocupar mayor espacio.

Ahora bien, el Sol envía a la Tierra sus rayos, y eleva la temperatura del aire en algunos lugares; y como el aire caliente es más ligero que el frío, se dirige hacia las regiones superiores de la atmósfera, y el aire frío de los lados acude presuroso a llenar el vacío que el otro deja. Y esta es, expresada del modo más sencillo posible, la razón por qué el viento sopla.

Esta explicación complementa la anterior que dimos respecto a las variaciones de la **presión atmosférica**. Medir ésta es más sencillo que medir la temperatura en las distintas capas de la atmósfera, y ambas están conectadas. El aire caliente conlleva siempre presión más alta y el frío una presión mucho menor.

Generalmente, algunas horas después de la salida del Sol, empieza a soplar una brisa, llamada virazón, de la parte del mar hacia la tierra. ¿Por qué?. Porque bajo de la acción de los rayos solares, la tierra se calienta más que el agua, se eleva el aire que gravita sobre ella, y el que posa sobre el mar, que está más frío, acude a ocupar su puesto, repitiéndose constantemente y de un modo indefinido este fenómeno.

Cuando se pone el Sol, ocurre lo contrario; la tierra se enfría más pronto que el mar, de suerte que el aire que descansa sobre ella se pone más frío que el de aquél; éste se eleva y el de la tierra acude en seguida a llenar el vacío que el otro deja. A esta brisa, que sopla de la parte de tierra, se da el nombre de terral.

Llamamos a estas corrientes **convectivas**.

¿QUÉ ES LO QUE HACE MUDAR DE DIRECCIÓN AL VIENTO?

Como casi todas las cosas, el aire se mueve siempre más o menos, y los cambios que experimenta en la dirección de su movimiento son producidos por causas muy diversas.

Entre éstas, se cuenta, en primer lugar, **el movimiento de rotación de la Tierra sobre su propio eje**, y su cambio de posición respecto al Sol, al recorrer la órbita alrededor de este astro.

En virtud de estos movimientos, las diferentes partes de la tierra, y, por tanto, de la atmósfera, se hallan expuestas al Sol en momentos y épocas diversas. Los rayos solares elevan la temperatura del aire; y, como el aire caliente es menos denso que el frío, se eleva a las regiones superiores, mientras el frío de los lugares adyacentes acude a remplazarlo.

Pero hay además otras muchas causas. Fuera de que la superficie de la Tierra no es lisa, sino que se halla cubierta de montañas y colinas, que alteran la dirección del aire al paso que gira la Tierra, y de que hay regiones cubiertas de agua que refrescan el aire caliente cuando pasa sobre ellas, se están constantemente produciendo en el aire toda clase de fenómenos eléctricos, los cuales probablemente deben afectar su peso, —y aun tal vez las proporciones de los diversos gases que lo forman,—en tan alto grado como el calor solar.

Apenas pueden darse preguntas de más difícil contestación que las relativas al viento, a la lluvia y al tiempo en general.

¿POR QUÉ SOPLA EL VIENTO CON MÁS FUERZA EN LA CUMBRE DE UNA MONTAÑA QUE EN LA FALDA?

Es perfectamente exacto que el viento sopla con más fuerza en las cumbres de las montañas que en las faldas de las mismas; y los aficionados a estas excursiones aseguran que al paso que se elevan, crece la intensidad del viento.

A partir de la altura de 6.000 metros sobre el nivel del mar, se suelen encontrar vientos tremendos, habiéndose comprobado que estos vientos reinan en todas las épocas, y soplan siempre en la misma dirección.

Las personas que se remontan en globo a grandes alturas, no encuentran estos vendavales de que hablan los alpinistas; pero esto nace de que **los globos se mueven con el viento,** y por eso no lo advierten sus tripulantes, sobre todo en el caso de un viento constante, pues a semejantes alturas no es posible apreciar si el globo se traslada o no.

La explicación de este fenómeno es que, como la tierra se mueve, y sus diferentes partes son calentadas unas después de otras por el Sol, y a causa también de su propio movimiento, el aire, a una considerable distancia por encima de nuestras cabezas, se halla en movimiento constante, engendrando fuertes vientos.

Los obstáculos con que tropieza en las regiones inferiores de la atmósfera, y el rozamiento que le ofrece la superficie de la tierra, disminuyen la velocidad de este viento y alteran su dirección.

¿POR QUÉ SILBA EL VIENTO?

En general los ruidos que produce el viento sólo son percibidos dentro de las casas, y no fuera de ellas.

El aire, al penetrar por los intersticios de las puertas y de las ventanas, hace vibrar o temblar cuantos objetos encuentra a su paso, produciendo así toda clase de sonidos, que con frecuencia son casi musicales.

A veces la gente se asusta al oír semejantes ruidos, y con todo, si salieran de casa no llegarían a oírlos. El viento que pasa por el aire, es decir, la corriente de aire que atraviesa la atmósfera, no se deja oír, porque lo que en el aire percibimos con nuestros oídos no es una corriente, sino una **onda**.

¿POR QUÉ SON CÁLIDOS UNOS VIENTOS Y OTROS FRÍOS?

A los vientos les ocurre lo mismo que a la superficie de la Tierra sobre la cual cruzan. El viento que sopla sobre un desierto, seco y cálido, se torna caliente y seco; el que pasa por llanuras heladas y montañas, cubiertas de nieve, con temperaturas muy bajas; y el que nos llega del mar es probable que traiga lluvia.

Cualquiera que sea el viento que reine, preciso es atribuir su causa a la desigualdad de la temperatura, y de la densidad de las diversas regiones de la atmósfera, en consecuencia (presión atmosférica). La Naturaleza busca siempre la igualdad en todas las cosas; se vale de la cálida brisa y del helado aquilón para igualar la temperatura del globo.

¿QUÉ SON LOS VIENTOS ALISIOS?

Los alisios son vientos que soplan siempre de los Polos hacia el Ecuador; pero ni en el hemisferio boreal soplan directamente del Norte, ni en el austral del Sur.

El motivo de esto es muy interesante. La Tierra que, como sabemos, se mueve sin cesar, arrastra en su movimiento a la atmósfera que la rodea, de suerte que el aire de los polos se mueve con la Tierra a una velocidad aproximadamente igual, que ésta en las mismas regiones.

Ahora bien, cuando los vientos soplan hacia el Ecuador, van penetrando en regiones que se mueven cada vez a mayor velocidad, lo mismo que en un trompo que gira, los puntos de su máxima circunferencia se mueven con mayor velocidad que los próximos a la coronilla o a la púa.

Los vientos que proceden de regiones más cercanas a los polos tardan en adquirir la velocidad que corresponde a las regiones que van atravesando, de suerte que la tierra. sobre la cual cruzan, se mueve con mayor velocidad que ellos, y por eso no soplan directamente del Norte y del Sur. sino del Nordeste y del Sudeste. Los alisios son más marcados en los océanos Pacifico y Atlántico. porque casi no existen en ellos tierras que modifiquen su paso.

¿QUÉ ES UN CICLÓN?

En algunos países los ciclones son muy temidos. **Se originan por causa dos corrientes de aire, que a un tiempo soplan de direcciones distintas.**

Cuando dichas corrientes se encuentran, se produce un movimiento atmosférico de forma circular y de gran violencia, y empujada esta masa de aire por las corrientes sucesivas, puede ser impelida hacia arriba con tan extrema pujanza, que llega a levantar en el mar columnas de agua, formando lo que se llama una **tromba**.

A veces terribles temporales barren los diversos océanos. Antes que se inventara la navegación a vapor, los marinos solían mirar con temor al cielo.

La aproximación del otoño, por los grandes temporales que acompañan comúnmente a esta estación, y que les obligaba a luchar. en ocasiones por espacio de muchos días, con los elementos desencadenados.

La furia del vendaval desgarraba las velas. El mar embravecido y espumoso reventaba contra los costados del buque, con la incontrastable violencia de un ejército invasor, barriendo las cubiertas con ímpetu irresistible, y arrastrando consigo, en ocasiones, los mástiles de la embarcación.

Sin embargo, en nuestros días no son los ciclones tan temibles como en épocas pasadas, porque en la actualidad las modernas embarcaciones pueden fácilmente evitar el encuentro de estas terribles tempestades, usando la navegación satelital, pudiendo surcar intrépidos el mar embravecido hasta llegar felizmente al puerto deseado.

TEMPORALES QUE BARREN LOS MARES

CUANDO miramos la veleta, podemos decir en qué dirección sopla el viento. La parte giratoria de la veleta presenta una superficie mucho mayor en un lado que en otro, y, naturalmente, el primero es rechazado en dirección contraria al viento, señalándonos el lado de menor superficie el punto de donde aquél sopla

¿POR QUÉ LOS TEMPORALES DERRIBAN LOS GRANDES ÁRBOLES Y RESPETAN A LOS JUNCOS?

No sólo a los **juncos** respetan, sino a ciertos árboles, como los **sauces**, que se doblan como ellos. La razón hay que buscarla en la diferente naturaleza de la madera de que se hallan formados los árboles: **unas son más elásticas que otras.**

Los troncos de los árboles rígidos como la **encina**, permanecen enhiestos en medio de los vientos más furiosos; en tanto que los sauces y los juncos se doblan al impulso de otros mucho más flojos, porque son en extremo flexibles.

Cuando el viento degenera en temporal, las encinas se romperán, en tanto que los sauces y los juncos no harán más que doblarse, como antes; y cuando renazca la calma, se enderezarán de nuevo en virtud de su gran elasticidad.

Si golpeamos con un palo un trozo de cuerda, ésta se doblará, pero no se romperá; pero si golpeamos con el palo, otro más delgado, se quebrará sin duda. Esto es exactamente lo que ocurre con el viento; y debemos aprovecharnos de la importante lección que nos enseña.

Hay personas que son como la encina; poseen un gran vigor y pueden sostenerse mucho tiempo; pero son inflexibles, y no saben cuando deben ceder o doblegarse, y al cabo les llega el día en que, por decirlo así, se rompen; mientras otras, más débiles, se salvan.

Las personas, empero, que además de vigorosas son prudentes, disfrutan de las ventajas del junco y de la encina, mostrándose tan fuertes como esta última, cuando les conviene así, y cediendo airosamente cuando no hay otro remedio.

Muchos hombres ilustres en la historia procedieron de este modo; pero otros muchos, en cambio, se doblegaron y cedieron para salvar sus personas, aun a costa de su honor, cuando hubiera sido más noble dejarse destrozar enteramente, aunque ello implicase la pérdida total de su poder.

¿PODRÍAMOS HACER UNA CLASIFICACIÓN DE LOS VIENTOS?.

Existe una escala llamada de Beaufort que los clasifica. Aquí la podemos conocer:

Número de Beaufort	Velocidad del viento (km/h)	Denominación
0	0 a 1	Calma
1	2 a 5	Ventolina
2	6 a 11	Flojito (Brisa muy débil)
3	12 a 19	Flojo (Brisa Ligera)
4	20 a 28	Bonancible (Brisa moderada)
5	29 a 38	Fresquito (Brisa fresca)
6	39 a 49	Fresco (Brisa fuerte)
7	50 a 61	Frescachón (Viento fuerte)
8	62 a 74	Temporal (Viento duro)
9	75 a 88	Temporal fuerte (Muy duro)
10	89 a 102	Temporal duro (Temporal)
11	103 a 117	Temporal muy duro (Borrasca)
12	+ 118	Temporal huracanado (Huracán)

<u>LOS RAYOS</u>

¿QUÉ ES EL RAYO?

Sabemos que el rayo hiere hiere a menudo los edificios y los árboles, y aun a las mismas personas y va siempre seguido del trueno.

En aquellos tiempos se creía que Dios mismo arrojaba los rayos, para aniquilar a aquellos que con sus pecados habían excitado su cólera. También los romanos creyeron que el rayo era el arma vengadora de Júpiter, padre y soberano de los dioses.

Pero hoy sabemos todos que el rayo es el paso de una corriente eléctrica de las nubes a la Tierra, que destruye cuanto se opone a su paso.

¿POR QUÉ SIGUE EL TRUENO AL RELÁMPAGO?

La contestación es igual a la del caso anterior—porque **la luz se propaga más velozmente que el sonido**. El relámpago es producido por el movimiento de la electricidad en el aire, generalmente hacia el suelo, el agua o cualquier punto alto, como montañas o edificios.

Este movimiento produce calor y luz, y el calor hace que el aire cercano se expanda, con lo que produce una gran onda de aire, que es lo que llamamos **trueno**.

Este ruido u onda sonora viene después de la onda luminosa, sencillamente porque las ondas sonoras se mueven con más lentitud que las luminosas.

Cuando median algunos segundos entre el relámpago y el trueno, es señal de que la tempestad está lejos, y cuanto más se aleje, más largo será el intervalo entre uno y otro.

Con ello, pues, pueden tranquilizarse las personas asustadizas que tienen miedo de las tormentas, sólo teniendo presente que cuando el trueno se oye mucho después de haber visto el relámpago, la tempestad está ya lejos.

¿QUÉ FUERZA EXISTE EN EL RAYO, QUE MATA AL HOMBRE CON TANTA RAPIDEZ?

La luz del rayo, que llamamos relámpago, es inofensiva. Podemos verla a gran distancia del lugar en que el rayo cae realmente; pero ni vista de lejos, ni tan cerca que nos deje medio ciegos, nos puede causar grave daño.

Mas el rayo en sí mismo, esto es, **la electricidad**, es muy diferente. Si penetra en la tierra al lado de una persona, probablemente no le causará ningún mal; pero si, por el contrario, antes de entrar en el suelo, pasa por su cuerpo, es probable que la mate. La muerte en este caso, es por lo general instantánea, pues la electricidad ataca al cerebro y a los nervios que al corazón le unen.

Como sabemos, dos nervios de estos, uno en cada lado del cuerpo, son capaces de paralizar el corazón por completo, si son enérgicamente afectados. La electricidad al pasar estimula o excita estos nervios, los cuales paralizan el corazón, y la persona muere en consecuencia.

¿A DÓNDE VAN A PARAR LOS RAYOS CUANDO PENETRAN EN LA TIERRA?

El relámpago, como hemos dicho, es la luz que produce el paso de una corriente, o de una descarga eléctrica.

Es una consecuencia momentánea del paso de la electricidad, y luego que ésta ha pasado, cesa el relámpago que la acompaña, porque no hay nada que lo haga brillar. No es, pues, el relámpago lo que penetra en la tierra, sino la electricidad, produciendo alteraciones que ahora empiezan a conocerse. Al penetrar en la tierra se transforma, ocasionando ciertos efectos en el suelo y en la vida que en éste se desenvuelve.

¿POR QUÉ HIERE EL RAYO A CIERTAS SUBSTANCIAS Y A OTRAS NO?

Todos sabemos que cuando el rayo puede escoger entre un pararrayos, que es una barra de hierro, y el resto del tejado de una casa, elige el primero. Nadie ignora tampoco que busca siempre los cuerpos metálicos con preferencia a los demás, y que en todas partes cae sobre los árboles, y no sobre el terreno que rodea a éstos.

En todos estos casos la razón es la misma: **la electricidad prefiere el camino más fácil, o, dicho de otra manera, el camino que le ofrece menor resistencia**; principio que es aplicable a otras muchas cosas a más de la electricidad, incluso cuando se trata de nosotros mismos.

Así pues, si la electricidad pasa a la tierra tomando por camino un árbol, debe ser porque éste último le facilita este paso. **He aquí explicado el por qué no debemos permanecer jamás debajo de los árboles durante las tormentas.**

Pero siempre que la electricidad tenga ocasión de elegir, preferirá los objetos metálicos, porque todos los metales son buenos conductores de la electricidad. Sabemos que la intensidad de la corriente es directamente proporcional al potencial eléctrico e inversamente proporcional a la resistencia. Los metales poseen los llamados **electrones libres**, que se salen de sus órbitas ante un impacto de energía, lo que ayuda a potenciar en forma acumulativa la corriente eléctrica; en cambio otros llamados aislantes eléctricos, poseen sus órbitas completas, y al no poseer estos electrones libres, frenan el paso d ella corriente eléctrica.

Así pues, un pararrayos protegerá una casa, con tal que el conductor metálico baje sin interrupción hasta enterrarse en el suelo. Si la herrumbre, u otra causa cualquiera, ha destruido parte de aquél, como ocurre algunas veces, entonces se corta el vínculo eléctrico entre el pararrayos y el suelo, por lo que el edificio recibirá toda la descarga eléctrica, y por tanto el pararrayos hará más daño que provecho, pues lejos de protegerla, atraerá sobre la casa el rayo.

LA NIEBLA

¿CUÁL ES EL ORIGEN DE LA NIEBLA?

La gente no suele aplicar con acierto la palabra niebla, y es que, en realidad, necesitaríamos otra voz. Existe una especie de niebla muy espesa, que viene a ser una nube que descansa sobre la superficie de la Tierra.

Cuando al elevamos en globo, atravesamos una nube, experimentamos la misma sensación que al caminar por entre una espesa niebla. Estas nieblas son muy frecuentes en el mar, por la sencilla razón de que **su elemento constitutivo es el agua**, y en ninguna otra parte abunda tanto ésta. Pero no perjudican ni manchan nuestros cuerpos. El verdadero peligro que ofrecen es el impedir que los buques puedan ver por donde marchan, y ambos colisionen por no avistarse a tiempo.

Pero la niebla que se observa en algunas ciudades es cosa muy distinta: es debida al **humo**, principalmente. En ciertos estados especiales de la atmósfera, y en particular cuando su temperatura es bastante elevada, el humo se eleva hacia el cielo, y es arrastrado por el viento sin que cause grandes daños, aunque, a decir verdad, el humo lleva siempre consigo la devastación y el estrago.

Pero frecuentemente el aire está frío, y el humo se amontona y extiende en forma de neblina. Ésta interrumpe el tráfico, lo ensucia todo, gasta las superficies de los más bellos edificios, especialmente en las grandes urbes industriales, donde abundan las chimeneas de fábricas, y determina dolencias en millares de individuos.

¿DE QUÉ ESTA FORMADA LA NIEBLA?

La niebla está formada de agua, como puede atestiguarlo cualquiera que se haya visto envuelto por ella, y la haya visto adherirse a sus ropas y cabellos.

Pero existen otras muchas y muy variadas maneras, además de la niebla, de hallarse el agua en el aire, y hoy sabemos que el agua, que existe en el aire, forma unas veces **nubes, otras nieblas, otras lluvias, y otras, por fin, permanece en estado de vapor**, completamente invisible, como otro cualquiera de los gases que componen el aire.

Ahora se empieza a aprender que, para que el agua permanezca en el aire en cualquiera forma que no sea la última, es decir, en estado de lluvia, de nube o de niebla, preciso es que pueda adherirse a alguna cosa. **La diferencia en estos casos depende probablemente de la clase de substancia a la que el agua se adhiera, condensándose a su alrededor.**

Con frecuencia estos núcleos, como se los denomina, son partículas de polvo, más grandes o más pequeñas; pero a veces parece que las mismas moléculas de los otros gases del aire pueden ser rotas por la electricidad, y los trozos rotos de estas moléculas pueden servir de centros, a cuyo alrededor se pega y reúne el vapor.

LOS EFECTOS SORPRENDENTES DEL SOL Y DE LA NIEBLA

Este cuadro, El batallador Temerario. de Turner, pone de manifiesto el gran cariño que tuvo el artista al mar y a los barcos, a la luz del Sol y a sus esplendidos efectos sobre la atmósfera transparente. Era un idealista y visionario que vestía las invenciones gloriosas de su imaginación con verdadera luz dorada

¿DÓNDE VA A PARAR LA NIEBLA, CUANDO ACLARA DE REPENTE?

Esta pregunta no puede ser contestada de un modo categórico; pero sabemos muy bien lo que ocurre en ciertos casos. Por ejemplo, puede aparecer un viento caliento o frío, y llevarse la niebla por delante, como ocurre en una habitación, donde han estado fumando varias personas, cuando se hace penetrar en ella una corriente de aire.

Otras veces se aclara la niebla de improviso, porque aumenta la temperatura del aire, lo cual puede ocurrir de varios modos. **La niebla sólo puede presentarse, cuando la temperatura es inferior a cierto grado,** y si el Sol, apareciendo entre las nubes, o una corriente de aire, hacen que aquélla se eleve por encima del punto de evaporación, la niebla desaparecerá inmediatamente.

También la electricidad influye en este asunto. Sabemos que es posible disipar artificialmente una niebla por medio de la electricidad, como descubrió hace mucho el sabio inglés Sir Oliver Lodge.

Ahora bien, los cambios eléctricos ocurren constantemente en el seno de la atmósfera, y hoy sabemos que son la causa principal de las variaciones del tiempo, siendo muy probable que, a veces, cuando vemos disiparse una niebla como por arte de magia, sea debido a algún cambio sufrido por la electricidad del aire, semejante al producido por la máquina inventada por Lodge para disipar las nieblas.

¿A QUÉ SE DEBE QUE EN LAS NOCHE DE VERANO APAREZCAN LOS CAMPOS CUBIERTOS DE NEBLINA?

La neblina, por supuesto, se compone de agua, y no de agua en forma de vapor o gas, sino de gotas líquidas. Es lo mismo exactamente que una nube, y las nubes, cuando se las atraviesa en globo ofrecen un aspecto parecido al de la niebla. Cuanto más caliente está el aire, más vapor puede contener.

Si, por efecto del sol, se calienta mucho durante el día, si hay abundancia de agua y si el viento es escaso, el aire acabará por contener grandísima cantidad de vapor de agua.

Éste es un gas transparente, que se mezcla con los demás gases transparentes de la atmósfera, y que por tanto, no lo podemos ver.

Pero, en cuanto se pone el Sol, el aire se enfría rápidamente; no puede entonces contener tanto vapor de agua, y así es que, en gran parte, ese vapor se convierte en agua líquida, cuyas gotas constituyen la niebla, del mismo modo que en un día de frío nuestro aliento produce una especie de neblina.

Si la tierra está muy húmeda, esta niebla se formará junto al suelo, revistiendo entonces el aspecto de un mar de vapor. Puede que este mar sea tan poco profundo que no nos pase de las piernas; en este caso al atravesarlo podremos ver los objetos lejanos, mientras permanecen ocultos nuestros pies.

¿POR QUÉ LA NIEBLA APAGA EL SONIDO?

La intensidad del sonido varía según la ley física la cual es igualmente cierta para la luz, para el calor y para la gravitación, así como para el sonido. **Establece esta ley que la intensidad del sonido o de la luz y de la fuerza gravitatoria varía inversamente a la distancia,** de modo que cuanto más lejano es el sonido, menos se oye; pero no es esto lo único que es causa de que varíe la intensidad de un sonido.

La segunda condición es la densidad del medio, por el cual se transmite. Por ejemplo, hemos notado, sin duda alguna, con cuánta claridad podemos oír sonidos en una noche helada; y la razón de esto es que el aire está limpio, carente de vapor de agua, que actúa como un escudo al paso del sonido, y transmite el sonido más pronto.

Por otra parte, si se dispara un fusil en la cima de una montaña de mucha altitud, donde el aire está grandemente enrarecido, el sonido no será más fuerte que el de una pistola de juguete en circunstancias ordinarias.

Y, en caso de niebla, las partículas sólidas del aire pueden afectar a la transmisión de las ondas sonoras; pero lo principal de todo que influye en la intensidad de cualquier sonido, es la cantidad de vapor de agua de la atmósfera.

¿QUÉ ES EL ROCÍO?

Las menudas gotas de rocío parecen, a primera vista, una cosa muy sencilla; pero han necesitado los sabios muchos siglos para descubrir lo que son. Existe en el aire una gran cantidad de humedad, la cual amortigua la energía de los rayos del Sol para que no nos abrasen en los días calurosos del verano.

Por la noche, irradia la Tierra el calor que recibió durante el día, pero dicha humedad evita que se escape demasiado de prisa. Si no fuese por ella, la Tierra se enfriaría tanto, que moriríamos helados en una sola noche de verano.

Pues bien, al anochecer, cuando empieza la Tierra a irradiar sus rayos de calor, son éstos absorbidos por la mencionada humedad, la cual adquiere una temperatura superior a la de la Tierra, a la de la hierba, y a la de las flores que le han cedido el calor.

La hierba y las flores se enfrían notablemente, y enfrían a su vez la humedad que les rodea, con lo que ésta vuelve a convertirse en agua, y desciende sobre la Tierra en forma de menudísima lluvia.

Los pétalos de las flores, las hojas de las plantas y de los árboles, las telas de araña, etc., la recogen cuando cae, y la mutua atracción de sus moléculas hace que éstas se agrupen formando las gotas de rocío.

LA NIEVE

¿POR QUÉ ES BLANCA LA NIEVE?

También hubiera podido preguntarse por qué es blanca la espuma que se forma cuando revientan las olas del mar. En ambos casos sabemos que se trata de agua; y sin embargo, ésta, en vez de conservar su transparencia, se torna blanca.

Nos lo explicaremos al punto, tan luego como sepamos de qué están formadas la nieve y la espuma, o mejor dicho, en qué estado se encuentra el agua que las constituye.

En el caso de la nieve, el agua se encuentra helada. y forma diminutos cristales, de formas muy agradables a la vista. Estos permanecen agrupados, pero no formando una masa compacta; y, si bien es cierto que, si se pudiese tomar uno solo de ellos,

La luz pasaría por él como por un trozo de hielo transparente, o de otros muchos cristales, sin embargo, cuando tenemos reunido un montón de estos cristalitos que constituyen la nieve, todo ocurre de un modo muy distinto, pues rechazan la luz en todas direcciones, de igual modo que lo hace la sal.

Lejos de retener la más mínima parte de la luz blanca que cae sobre ellos, la rechazan, la reflejan, y por eso es blanca la nieve. Empero, si la luz que cae sobre la nieve tiene un determinado color, se refleja, por supuesto, con idéntico matiz; y este es el origen de algunos de los maravillosos efectos de la luz del Sol poniente en las montañas nevadas.

¿POR QUÉ SON LOS COPOS DE NIEVE MAS LIGEROS QUE LAS GOTAS DE AGUA?

Los copos de nieve están hechos de cristalitos de hielo, es decir, de agua solidificada; y sabemos que el hielo es más ligero que el agua, a pesar de su inferior temperatura. De lo contrario no flotaría el cubo de hielo en nuestro vaso.

Lo normal es que aumente el peso de los cuerpos a medida que su temperatura decrece, y al contrario, supuesto que el calor los dilata y el frío los contrae.

Pero el agua no obedece a esta ley cuando se va aproximando al

punto de congelación; **por el contrario, al paso que se enfría y congela se dilata.** Por eso revientan en invierno los tubos de agua que la contienen.

De suerte que, como los copos de nieve están hechos de hielo, y éste es menos denso que el agua de las gotas de lluvia, y existe además **mucho aire entre los cristalitos que los constituyen**, tienen forzosamente que ser más ligeros que las gotas de lluvia. El aire, ocupando los espacios vacíos de los cuerpos muy porosos, hace a éstos más ligeros, como ocurre en las esponjas.

Es decir, tenemos dos efectos concurrentes: la dilatación del hielo y la existencia de aire entre los cristales de la nieve. Ésa es la razón de que la nieve pese menos que el agua, a igualdad de masas.

SI LA NIEVE ES LA LLUVIA HELADA, ¿QUÉ ES EL GRANIZO?

Lo mismo el granizo que la nieve están formados de agua, y ambos se licúan o derriten. Sabemos que la nieve es agua que toma, al helarse, la forma de preciosos cristalitos, los cuales son, por supuesto, verdaderos cristales de hielo; y si el agua no se hubiese helado, habría caído en forma de lluvia.

El granizo está constituido también por cristales de hielo, o cristales de agua, pues indiferentemente podemos aplicarles ambos nombres; de modo que **entre el hielo y la nieve no existe ninguna diferencia química**, es decir, ninguna diferencia de composición, **sino sencillamente una diferencia en la manera de formarse los cristales al congelarse el agua en la atmósfera, y en el modo con que dichos cristales se adhieren unos a otros.**

45

Parece probable que la causa de que los cristales se agrupen bajo la forma de granizo, sea un enfriamiento muy repentino del aire, cuando contiene gran cantidad de vapor de agua. Y eso explica por qué el granizo cae de ordinario en el estío, y la nieve en el invierno; pues el aire contiene mucho más vapor de agua en verano, y puede, por consiguiente, ser enfriado por una corriente de un modo más repentino que cuando está seco.

Normalmente esto ocurre cuando una masa de aire muy fría impacta de lleno a una masa de aire caliente que ingresa en sentido contrario.

En este caso la masa de aire cálido asciende rápidamente a las regiones elevadas de la atmósfera que siempre están muy frías, y si esa masa de aire caliente contiene gran cantidad de vapor de agua, es decir está muy húmeda, esa humedad pasará del estado vapor al estado sólido casi pasar al estado líquido, que es un estado intermedio entre ambos, y la formación súbita de ese hielo caerá en forma de granizo, a veces en forma, tamaño y peso como las pelotas de golf, siendo en extremo destructivas.

¿CÓMO PUEDE NEVAR Y LLOVER AL MISMO TIEMPO?

He aquí una pregunta que mirada a cierta luz, parece un rompecabezas, porque la nieve y la lluvia están hechas de agua, y ésta no puede hallarse a la vez sólida y líquida a la misma temperatura.

Sólo hay una explicación, que es, en realidad, la verdadera. **La lluvia se forma necesariamente a cierta temperatura, la cual tiene que ser superior al punto de congelación del agua, que es a cero grados del** termómetro centígrado, y del de Reamur, o a 32 grados del de Farenheit; mientras la nieve tiene que formarse a otra temperatura, inferior a la expresada.

Esto puede acontecer fácilmente, ya que la temperatura del aire varía con su altura. Así pues, en estos casos la nieve y la lluvia se han producido a **diferentes niveles**, que no tenían la misma temperatura, siendo la del uno inferior, y la del otro superior al punto de congelación del agua, sin que la nieve, durante su caída, haya tenido tiempo de licuarse.

OTRAS ADMIRABLES FORMAS DE LA ESCARCHA

A veces, campos enteros aparecen cubiertos de blancas flores. La ribera que representa el grabado semeja un campo alfombrado de plateadas corolas; pero estas florecillas son simplemente grupos de finísimos cristales que, mirados con la lente, se parecen a los de la nieve, que veremos en otro

lugar

La escarcha no se entretiene en labrar sus finísimas labores solamente sobre los árboles y la hierba. Cuando el rocío es abundante, se posa asimismo sobre los guijarros y las piedras, convirtiéndose luego en escarcha. Esta fotografía, que parece una agrupación de corales, es sencillamente la caprichosa ornamentación de la escarcha en una piedra cualquiera

¿POR QUÉ LA SAL FUNDE LA NIEVE?

Todos conocemos el instrumento llamado termómetro, inventado por Fahrenheit, que vivió de 1686 a 1736, el cual halló que la temperatura más baja que pudo obtener era la producida por una mezcla de sal amoníaco machacada y nieve, y con objeto de construir una escala para medir el calor, llamó cero grados a la temperatura de esta mezcla, y 212 grados a la del agua en ebullición.

En esta escala el punto de congelación del agua corresponde al grado 32, de suerte que podemos decir que el agua se congela cuando el termómetro marca 32 grados Fahrenheit.

Hay otra escala, llamada **centígrada**, que es la más usada mundialmente, y en ella **el cero corresponde al hielo fundente, y los cien grados al agua hirviendo.**

Cuando la sal se mezcla con hielo o nieve, el proceso de la mezcla cambia el **calor específico** de la mezcla, es decir de la sal, el hielo o la nieve . En consecuencia, cambia el punto de fusión de la misma, el cual está por debajo de los cero grados centígrados.

Esta propiedad se usa principalmente en las carreteras y aeropuertos de lugares muy fríos, y así evitar que se congelen, ya que el hielo es muy resbaladizo y peligroso, y hace que las llantas de los autos y aviones patinen, con las consecuencias que esto pueden acarrear.

¿POR QUÉ SE CALIENTAN LAS MANOS DESPUÉS DEL ANDAR CON LA NIEVE?

Es cosa maravillosa que las manos se calienten después de andar con la nieve; pues sabido es que esta substancia es muy fría, y roba con mucha rapidez el calor de las manos.

El calor de las manos procede enteramente de la sangre, a no ser cuando un objeto lo proyecta directamente sobre ellas.

Por consiguiente, debe haber alguna razón para que afluya a las manos una cantidad de sangre más grande que de costumbre al frotarlas con nieve.

La temperatura de la sangre no ha aumentado, pues en tal caso, lo notaría el cuerpo entero; lo que ocurre realmente es que las manos reciben la sangre que por ellas circula en mayor cantidad y con superior rapidez.

El efecto, en realidad, es exactamente el mismo, que el calor delicioso que sentimos después de un baño de mar. El cerebro es el encargado de cuidar de la piel, como de las restantes partes del cuerpo.

Ahora bien, cuando aquella se enfría, su vida se deprime considerablemente, y padecerá detrimento, si no recibe algún auxilio que contrarreste tales efectos.

Por eso, **el cerebro ordena a los pequeños vasos sanguíneos de la piel, donde quiera que ésta se ha enfriado, que se aflojen y ensanchen para que la sangre pueda circular por ellos con rapidez., para que los tejidos de la piel no se dañen y puedan morir.**

LA METEOROLOGÍA

¿ES POSIBLE PREDECIR EL TIEMPO?

Aunque las personas que se dedican a vaticinar el tiempo se equivocan muchas veces, y aunque ordinariamente recordamos las veces que se equivocan y olvidamos las que aciertan, es indudable que existe la posibilidad de predecir el tiempo, y que los que hacen de él un estudio concienzudo, aciertan más que yerran.

La mejor manera de predecirlo es hacer un estudio de lo que ha ocurrido anteriormente, sin detenerse a averiguar el « por qué ».

El método científico de predecir el tiempo se funda en el estudio de las causas que determinan sus variaciones. Sabemos, por ejemplo, que cuando la densidad del aire en un lugar determinado es menor que la ordinaria, que es lo que queremos dar a entender cuando decimos que la **presión atmosférica es inferior a la normal**, es probable que acuda el aire de las regiones circunvecinas a llenar el vacío relativo que existe en el indicado espacio, estableciéndose una corriente de aire, que es lo que llamamos **viento**; y si éste viene del mar será probable que traiga lluvia consigo. Así, pues, el **barómetro** que nos señala la presión de la atmósfera, nos ayuda, a la par, a predecir el tiempo.

¿CUÁL ES EL NOMBRE DE LA CIENCIA QUE TRATA DEL TIEMPO?

Sabemos que los nombres de las diversas ciencias suelen terminar en logos, de la voz griega logos, que significa palabra, discurso, tratado. Así tenemos, por ejemplo, la geología, que se ocupa del estudio de la tierra; la biología, que trata del estudio de la vida, y así sucesivamente. Y de un modo semejante, tenemos la **meteorología, que es la ciencia del tiempo atmosférico.**

En casi todos los países existen Centros Meteorológicos, en los que personal competente se dedica de continuo al estudio del tiempo atmosférico, y de los cuales proceden los boletines meteorológicos, y previsiones del tiempo que todos los días leemos en la prensa.

El barómetro es, sin duda, un instrumento de los más usados en estos Centros; pero en la actualidad, los avanzados sistemas de comunicaciones como los satélites y las boyas marinas que se comunican con éstos, como antes lo fueron el telégrafo, los cables submarinos y la telegrafía sin hilos, constituyen poderosos auxiliares de los mismos.

Gracias a éstos, podemos saber lo que está ocurriendo en el Océano Atlántico, por ejemplo, y vaticinar el tiempo; porque sabemos que ciertas depresiones atmosféricas caminan siempre en una dirección determinada.

A veces se encuentran en el aire lugares donde la presión atmosférica es mayor que la existente en los espacios que los rodean, y otros donde dicha presión es mínima, y máxima en sus alrededores; los primeros se llaman **anticiclones**, y **ciclones** los segundos, caminan por la superficie de la tierra, y a su paso determinan importantes cambios de tiempo.

¿PODRÍAMOS MIRANDO EL CIELO HACER POR NOSOTROS MISMOS UN PRONÓSTICO METEOROLÓGICO?

La respuesta es sí. La clave es entender la clasificación de las nubes, y de esa manera podremos predecir con bastante exactitud lo que puede pasar en las próximas 48 o 72 horas.

Básicamente las nubes se clasifican por la altura a las que se forman. Así tenemos nubes "bajas" "medias" y "altas". Para cada una de esas "capas" tendremos a su vez las nubes del tipo estratiformes y las del tipo cumuliforme. Luego como clasificación aparte veremos las nubes con "desarrollo vertical".

Veamos la siguiente figura:

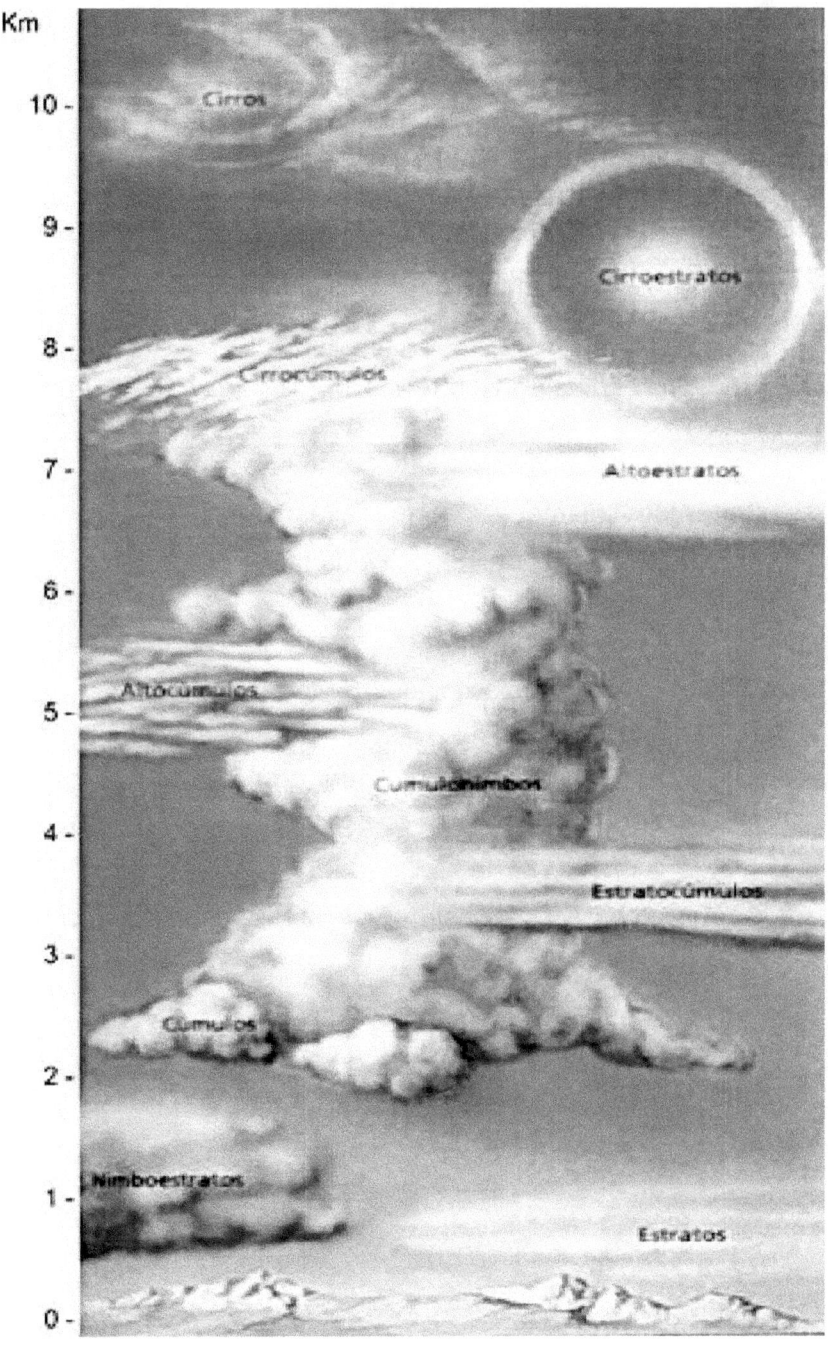

En ella vemos una distribución vertical de los 10 tipos de nubes más comunes asociados a las alturas a las que más comúnmente se encuentran.

Vamos a analizarlas detalladamente:

Nubes Altas

Cirros (Símbolo: Ci)

Estas nubes se encuentran entre los 5000 y los 13000 mts para nuestra zona.

Estas son nubes filamentosas que asemejan a cabellos. **Están prácticamente compuestas de cristales de hielo.**

Su color es blanco y suelen ser tenues dada la baja densidad de su composición. Suelen estar asociadas a viento en las capas altas y cambios próximos en la meteorología. En los casos que aparecen "revueltos" ó con ganchos predicen un cambio en el tiempo para mal, generalmente en las siguientes 36 horas.

Si son homogéneos y sin ganchos no están asociados a cambios meteorológicos.

Cirrocúmulos (Símbolo: Cc)

A diferencia de los cirros, estas nubes están compuestas de elementos más pequeños, generalmente con forma cumuliforme.

Suelen ser tenues, blancas, y sin sombra propia. **También están formadas por cristales de hielo.** Suelen estar asociadas a inestabilidad en las capas altas y cambios meteorológicos.

En la figura observamos que están dispuestos en "bandas", esto generalmente trae precipitaciones en 24 a 36 horas. Si están separados entre sí sin definir bandas son síntoma de buen tiempo.

Cirrostratos (Símbolo: Cs)

Es un velo tenue y blanquecino formado por cristales de hielo. Suele estar asociado a estabilidad en las capas superiores, y algunas veces a la proximidad de un frente, sobre todo si fueron precedidos por Cirros.

Para confirmar esto último conviene hacer lecturas reiteradas del barómetro, siendo una tendencia descendente en la presión la confirmación de que el tiempo empeorará en las siguientes 24 horas. La forma de distinguirlo es que forma un fenómeno de halo alrededor del sol.

Nubes medias

Estas nubes se encuentran entre los 2000 y 7000 mts para nuestra zona.

Altocumulos (Símbolo: Ac)

Es una capa de nubes blancas ó levemente grises, formada por elementos cumuliformes que podrán estar unidos entre sí ó no.

Pueden estar formados en función de la altura por gotitas de agua ó partículas de hielo. Están asociados a inestabilidad en las capas medias.

Si fueron precedidos de cirrocúmulos y son seguidos de cúmulos con tendencia barométrica descendente es señal que la capa de inestabilidad atmosférica se aproxima al suelo y con ello la llegada de un desmejoramiento del tiempo.

Altostratos (Símbolo: As)

Son nubes blancas ó grisáceas de gran extensión, y generalmente asociadas a precipitaciones. Pueden estar formadas de gotitas de agua ó partículas de hielo. Están asociadas a estabilidad en capas medias. A diferencia de los cirrostratos, estos no producen halo alrededor del sol. Eventualmente pueden producir un fenómeno de "corona" solar consistente en un halo muy pegado al sol.

Nubes bajas

Estas nubes se encuentran entre los 500 y 2500 mts para nuestra zona.

Estratos (Símbolo: St)

Este tipo de nube es prácticamente una niebla que se da en altura. Está asociado a una atmósfera estable, y se forma del mismo modo que las nieblas. Generalmente desaparece por calentamiento solar durante el día, y puede traer en las horas de mayor enfriamiento una tenue llovizna.

Estratocúmulos (Símbolo: Sc)

Este tipo de nube está asociado a buen tiempo, y viento en capas medias de la atmósfera. Está asociado a un fenómeno de mezclado turbulento con inestabilidad en mayor ó menor grado en función del grado de "apastamiento" ó unión que presenten. Pueden asimilarse al ejemplo que dimos de generación de nubes por mezclado turbulento.

Nimbostratos (Símbolo: Ns)

Esta es una nube que carece de forma. Generalmente es de color oscuro y está acompañada de precipitaciones (lluvia ó nieve).

Nubes de desarrollo vertical

Estas nubes son particularmente importantes ya que generan fenómenos meteorológicos violentos, en la medida que mayor sea su desarrollo vertical. No tienen una altura fija de formación ni desarrollo ya que pueden tener su base en capas bajas y desarrollarse hasta la tropopausa en algunos casos.

Lo que tenemos que tener presente es que cuanto más inestable y más húmeda sea la masa de aire circundante, más proclive estará de que en caso de que ocurra un ascenso de aire, este degenere en una nube de gran desarrollo vertical.

Básicamente estudiaremos dos nubes: **Los cúmulos y los cúmulo nimbos.** En sí representan los extremos en la evolución. Los cúmulos se generan a partir de un ascenso leve en una atmósfera inestable. Los cúmulo nimbos parten de lo mismo llegando a grandes desarrollos. En el medio pueden encontrarse otros tipos de cúmulos como los cúmulos potentes que ya hemos visto, y que no están asociados a tormentas tan violentas como los nimbos. Como regla general, cuanto mayor es el desarrollo vertical, mayor el fenómeno (desde viento y precipitación hasta tormenta) generado.

Cúmulos (Símbolo: Cu)

Como ya mencionamos, se trata de nubes generadas por ascenso de aire en atmósfera inestable. Muchas veces están asociadas al calentamiento desde abajo de masas de aire fresco proveniente del mar.

Como caso conocido y de buen tiempo, durante las mañanas cuando el viento suele soplar desde el mar hacia la tierra podremos ver que sobre la línea de la costa comienzan a formarse "rebaños" de cúmulos.

Estos están asociados al aire fresco y húmedo proveniente del mar que, calentado desde abajo en la zona de la costa, se eleva por inestabilidad y genera a nivel de condensación esta nube característica de limitado desarrollo vertical.

Tal como ya se vio y asociado a la atmósfera inestable donde se generan, la visibilidad en su entorno suele ser buena y sus contornos, bien definidos.

Cúmulo nimbo (Símbolo: Cb)

Esta es la nube de tormenta por excelencia y está asociada a corrientes convectivas intensas en masas de aire muy inestables. En su interior coexisten precipitaciones, granizo y hielo todo ello mezclado con corrientes ascendentes y descendentes que pueden alcanzar los 400 km/h.

El navegante deber prevenirse de este tipo de formaciones, ya que es una nube de gran actividad. Existen corrientes en su parte delantera y trasera que intensifican enormemente los vientos reinantes en su entorno. Adicionalmente pueden estar asociadas a fuertes precipitaciones y granizo.

Veamos algún detalle adicional:

Acá vemos un esquema sencillo de las corrientes que pueden encontrarse en torno a una nube de este tipo. Generalmente en el centro se dan fuertes ascendentes y en las periferias fuertes descendentes con precipitaciones. El sentido de avance de la nube está dado por la dirección en la que el yunque tiene su punta más larga.

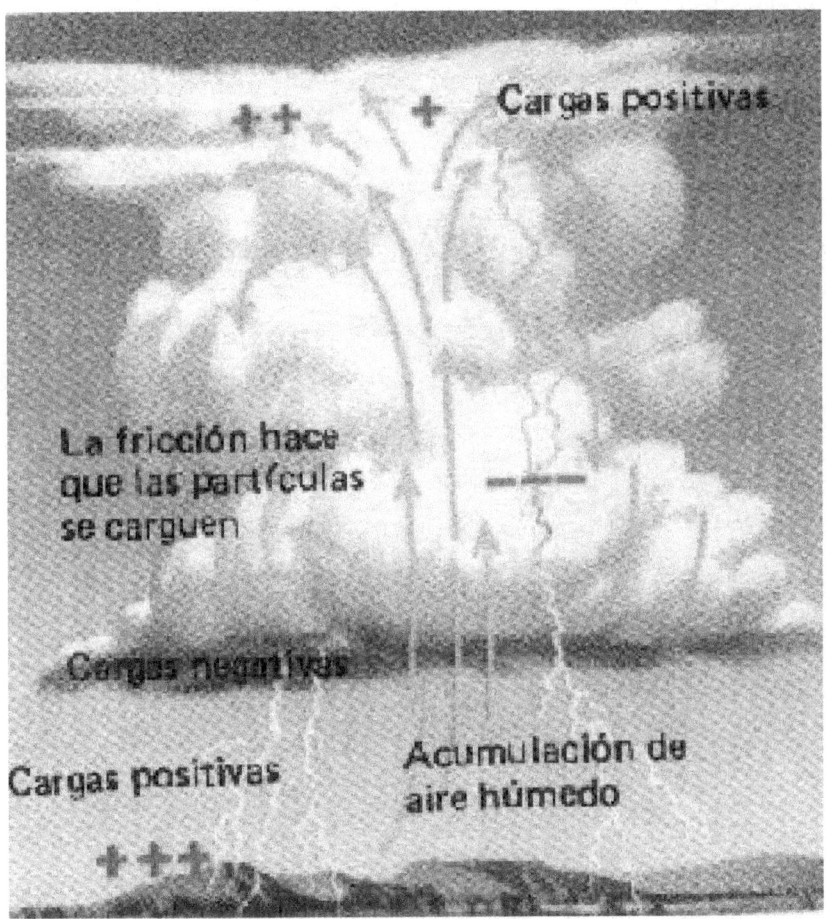

Podemos ver también que la fricción de las corrientes de cizalladura que aparecen en forma interna a la nube generan cargas eléctricas que se traducen en tormentas eléctricas en su interior y hacia la superficie.

Existe una forma de determinar en forma previa la intensidad de los fenómenos convectivos y, por ende, la actividad que habremos de encontrar debajo de determinadas zonas nubosas y consiste en analizar las fotos tomadas desde satélites. En especial utilizaremos el análisis térmico.

Veamos un ejemplo:

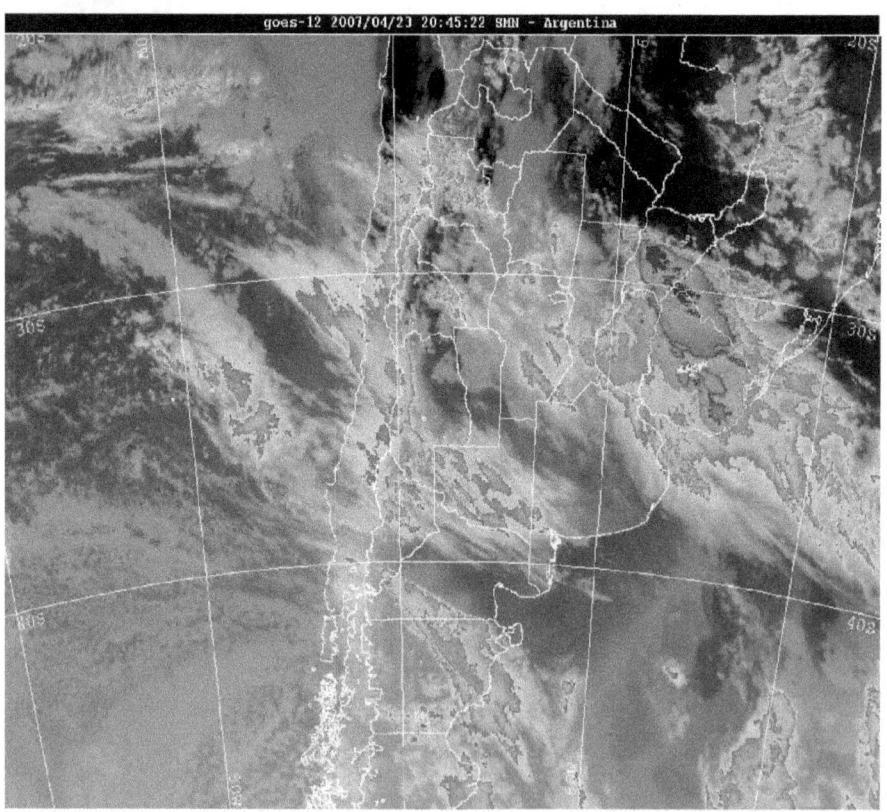

Esta imagen observarse en Vigilancia Meteorológica por Sensores Remotos - http://www.smn.gov.ar/?mod=acerca&id=3 -

Es una foto procesada por computadora que mide la temperatura a la que se encuentran las partes superiores de las nubes.

Por lo que ya hemos visto, los fenómenos son tanto más intensos conforme existe más inestabilidad y por ende, desarrollo vertical de las nubes.

Si tenemos presente que la temperatura decrece con la altura, la medición de temperatura de los topes nubosos es una buena forma de inferir la altura a la que ha llegado una determinada nube, ó la intensidad de las corrientes que la generan.

La escala de colores va del azul al bermellón siendo este último un nivel próximo a la tropopausa, y sólo alcanzado por ciertos cúmulo nimbos ó tormentas severas.

En el ejemplo vemos una tormenta con centro en la provincia de Corrientes, Argentina, y con desarrollo ESE. Las zonas verdes generalmente están asociadas a lluvia, las rojas a lluvias fuertes y las más oscuras, precipitación torrencial.

ACERCA DEL AUTOR

Pedro Daniel Corrado nació el 9 de Mayo de 1961 en el distrito federal Buenos Aires, Argentina. Estudió en instituciones educativas salesianas, y se graduó en 1979 en el colegio Pio IX.

Posteriormente recibió el título de Ingeniero en Electrónica en el Instituto Tecnológico de Buenos Aires con diploma de honor en Julio de 1987.

Fundó una empresa de Tecnología en Información en 1991 llamada PATH Sociedad Anónima.

Desde el año 1998 trabaja con la tecnología de bases de datos Oracle y PostgreSql, y sigue con gran dedicación la evolución del lenguaje Java, así como todo lo relacionado con los formatos de almacenamiento de información XML, y gestión de documentos.

www.ingramcontent.com/pod-product-compliance
Lightning Source LLC
Chambersburg PA
CBHW051816170526
45167CB00005B/2042